Revisión bibliográfica elaborada por enfermeras y matronas sobre los riesgos de la obesidad en la mujer gestante.

Encarnación Barroso Fernández

Ana Mª Cutilla Muñoz

Mª Ángeles Cutilla Muñoz

©Ana Mª Cutilla Muñoz, Mª Ángeles Cutilla Muñoz, Encarnación Barroso Fernández, 18 de Agosto, 2012

1ª edición

ISBN: 978-1-291-05548-1

Impreso en España/ Printed in Spain

Publicado por Lulu

Esta obra está dedicada a todas esas madres que quieren lo mejor para sus hijos.

ÍNDICE

1. RESUMEN..............8

2. PALABRAS CLAVE..............11

3. ANTECEDENTES Y JUSTIFICACIÓN..............12

4. OBJETIVOS..............16
   - OBJETIVO GENERAL
   - OBJETIVOS ESPECÍFICOS

5. METODOLOGÍA..............17

6. RESULTADOS..............18

7. DISCUSIÓN..............32

8. REFERENCIAS BIBLIOGRÁFICAS..............33

9. TÉRMINOS..............39

RESUMEN

La obesidad, cuya prevalencia tiene una progresión al alza en los últimos años, tiene un efecto perjudicial sobre el embarazo.

Constituye todo un factor de riesgo para padecer cierto número de complicaciones obstétricas y perinatales. Es más, debido a su alta incidencia dentro de la población femenina en edad reproductora, se ve implicada con frecuencia en complicaciones del embarazo.

Nos referimos a la aparición de Diabetes, hipertensión, pre-eclampsia, partos inducidos, cesáreas, hemorragias postparto, partos prolongados, estancias hospitalarias más largas, partos pretérminos, recién nacidos de alto peso (macrosomas), problemas en la lactancia materna...

Estas complicaciones, obviamente generan un mayor gasto sanitario al necesitar más asistencia y utilización de recursos sanitarios en general.

Este trabajo es una revisión bibliográfica sobre los últimos estudios realizados al respecto. Se han revisado bases de datos de la Cochrane Plus Library, Medline, Cuiden y Cinahl, así como consultado manuales obstétricos.

Se han seleccionado los artículos publicados desde el año 1997, aunque la mayor parte de ellos han sido publicados desde el

2000. Posteriormente, a la pormenorización de los resultados obtenidos, se establecerán una serie de conclusiones a partir de los mismos.

Los profesionales de la salud implicados en el cuidado de la mujer gestante, tienen la obligación de conocer a fondo la magnitud del problema y estar actualizados en cuanto a los nuevos apuntes realizados sobre el mismo. Así, a las complicaciones ya conocidas, se les pueden sumar aspectos que están siendo estudiados recientemente.

Tener en cuenta estos factores, y saber que éstos serían evitables haciendo mayor hincapié en una educación nutricional a mujeres gestantes o con deseo reproductivo, resultaría preventivo y se hace necesario. De hecho constituye el principal objetivo de el trabajo que es presentado.

El anexo 1 bien podría ser una base para un folleto a modo de recordatorio dirigido a los profesionales sobre este tema, con un esquema de las complicaciones y una miniguía educativa sobre recomendaciones nutricionales para las mujeres embarazadas.

Por otro lado, recibiendo el tratamiento adecuado, ajustando el tamaño del mismo, este trabajo podría servir de base para un artículo de divulgación en publicaciones dedicadas a matronas, obstetras y demás personal dedicado a esta área de la salud.

PALABRAS CLAVE:

Embarazo/gestación, Obesidad, Complicaciones obstétricas

ANTECEDENTES Y ESTADO ACTUAL DEL TEMA

La obesidad, es un complejo desorden la salud, con múltiple etiología. Básicamente, cuando la ingesta de alimentos es mayor al gasto energético del organismo, el exceso de grasa es almacenada. En su aparición, intervienen factores como ingesta calórica elevada, sedentarismo, consumo de alcohol, factores géneticos, el sexo, factores socio-económicos, y embarazo.

En muchos casos, el sobrepeso y obesidad eran previos al embarazo, pero también es cierto que muchas otras ven el inicio de este problema en su embarazo. El aumento de peso, acompañado de una reducción de la actividad física y todo ello condicionado por un potente cóctel hormonal (estrógeno y prolactina), favorecen el crecimiento del tejido adiposo.

A medida que la obesidad se extiende entre nuestra población, aparecen una serie de problemas de salud derivados de la misma.

El problema es extensivo a todos los grupos de edad, géneros y razas. La obesidad acarrea una morbimortalidad mayor que en otros grupos de población, destacando:

-Problemas cardiovasculares. Enfermedad coronaria, insuficiencia cardiaca congestiva, fallo cardíaco y muerte por infarto de miocardio.

-Hipertensión arterial, hipercolesterolemia e hipertrigliceridemia.

-Diabetes Mellitus tipo II no insulinodependiente.

-Cálculos biliares.

-Insuficiencia respiratoria y apnea de sueño.

-Alteraciones en menstruación, infertilidad.

-Cáncer de útero.

-Problemas óseos y articulares.

-Problemas psico-sociales, transtornos depresivos.

Esta circunstancia, afecta de un modo multidisciplinar a todos las especialidades médicas (psicólogos, médicos, nutricionistas), pero este trabajo está centrado en las mujeres gestantes o con deseo reproductivo afectas. Así surge un nuevo planteamiento a los profesionales de salud que se dedican a las mujeres durante el periodo de gestación.

Cada vez aparecen más mujeres obesas o con sobrepeso en nuestras consultas prenatales que bien ya acarreaban este aumento del IMC antes de la concepción o que alcanzan estos niveles durante el embarazo y en embarazos sucesivos.

Esta tendencia comienza a tener un coste humano y económico. Al derivarse de esta situación una mayor morbilidad en la gestación y en el parto, los gastos sanitarios aumentan como principal consecuencia.

Es en EEUU, país con un alto nivel de obesidad entre su población donde surgen mayor número de publicaciones que intentan profundizar más sobre los detalles de este fenómeno. No debemos olvidar, que por lo que nos atañe, España comienza a despegar y las tasas de obesidad van en aumento.

Aunque se conocen a grandes rasgos los problemas que acarrea el sobrepeso y la obesidad a esta población que nos ocupa, se hace necesario una mayor profundización sobre el mismo, para que los profesionales sanitarios puedan ofrecer mejor consejo y apoyo educativo a sus pacientes y puedan desarrollar su actividad con mayor nivel de efectividad.

OBJETIVOS

El objetivo último que se persigue es optimizar las condiciones obstétricas de las mujeres gestantes a través de un correcto estado nutricional durante su gestación.

Este objetivo se alcanza mejorando el nivel formativo de los profesionales de la salud dedicados a la atención a la mujer embarazada. Así, existirá una mayor concienciación, motivación y conocimientos suficientes para ofrecer consejo nutricional adecuado.

En este trabajo se evalúan los efectos de la obesidad en el embarazo y parto.

METODOLOGÍA

Se ha realizado una búsqueda sobre las bases de datos de Medline, Cochrane Library Plus, Cinhal, Cuiden, y se consultaron manuales obstétricos. La gran mayoría de los artículos son de reciente publicación, a partir del año 2010.

Abordan diferentes complicaciones derivadas de un aumento de riesgo atribuibles a aumentos de IMC catalogados como sobrepeso y obesidad en el desarrollo del embarazo y resultados obstétricos en el parto.

RESULTADOS

Todos los estudios realizados están de acuerdo en establecer una clasificación del estado nutricional en función del IMC, o índice de masa corporal, medidos en Kg/cm^2
De este modo la clasificación sería:

Bajo peso IMC<18.5

Normopeso 18.5 a 24.9

Sobrepeso 25 a 29.9

Obesidad 30 a 34.9

Muy obesa 35 a 39.9

Obesidad mórbida >40

Entre 13442 gestantes, un estudio realizado en Atlanta , (EEUU), entre los años 2008-2011, pretende poner de manifiesto la asociación entre el embarazo entre mujeres con IMC elevado y un mayor gasto sanitario. Efectivamente, las estancias hopitalarias entre estas mujeres era mayor.

Con respecto a las normopeso, las estancias aumentaban para las sobrepeso (OR: 3,7), obesas (OR:4.0), muy obesa (OR: 4.1) y mórbida (OR 4.1). (intervalos de confianza de +/- 1 día). Estas estancias se atribuían al mayor número de cesáreas y situaciones de riesgo para estas mujeres. Además IMC altos estaba relacionados con mayor uso de test para comprobar bienestar fetal, tales como ecografías, uso de fármacos y visitas obstétricas.

Tampoco la lactancia materna está exenta de complicaciones derivadas de un peso elevado. Basados en el hecho de que el sobrepeso disminuye la respuesta de la prolactina a la succión en la primera semana postparto, un grupo de investigadores de la Universidad de Cornell, Nueva York 2004, tomaron una muestra de 40 mujeres para comprobar qué las hacía diferentes. Las tasas de inicio y duración de lactancia materna eran más bajas entre mujeres obesas, y aunque el factor mecánico (posicional) era considerable, se hacía necesario un abordaje sobre el mecanismo hormonal implicado.

Tras una medición de niveles de prolactina y progesterona en suero 30 minutos antes y después de una toma a las 48horas y 7 días tras el parto, obtuvieron el siguiente resultado. Entre las mujeres obesas primíparas, ya desde ants dela concepción existía una menor respuesta de la prolactina a la succión a las 48 horas, pero no así a los 7 días. Las concentraciones de progesterona disminuían en todos los casos, tanto en normopesos como en obesas.

Por ello, aunque el nivel de progesterona entre mujeres obesas podría verse influenciado al alza por la cantidad elevada de tejido adiposo de las mismas, este estudio no pudo establecer ninguna relación. Pero sí quedó patente la diferencia de los niveles de prolactina que terminaba por repercutir en una menor producción de leche materna en los estadios iniciales y consiguiente abandono de la LM.

Con respecto a las terminaciones de estas gestaciones, el estudio de la cesárea es el tema de muchas publicaciones, debido al coste humano y de recursos que implica.

Publicado en la revista Obstetrics & Gynecology, un artículo que relaciona cambios e el IMC al inicio de las dos primeras gestaciones y el riesgo de parto por cesárea, con 113789 mujeres como muestra. Sus resultados fueron concluyentes, con respecto a las mujeres que mantenían un IMC adecuado en sus gestaciones, aquellas que alcanzaban el sobrepeso o la obesidad, tenían mayores riesgos de partos por cesáreas, desglosado de la siguiente manera:

- Distocias (OR: 1,13 sobrepeso, 1,28 obesas)
- Distress fetal (OR 1,41 sobrepeso , 1.94 obesas)
- Otros (OR 1,63 sobrepeso, 3,17 obesas) (intervalos de confianza del 95%)

Como dato esperanzador, exponen que aquellas mujeres que disminuían su peso entre los dos primeros embarazos, sí que alcanzaban tasas de cesáreas equiparables a las mujeres con normopeso.

Entre sus conclusiones recalcan la idoneidad de mantener un control nutricional correcto entre las gestantes.

Entre otras variables, los investigadores ingleses del Hospital Maternal de Aberdeen, en su artículo publicado enBMC Public Health, 2007, mostraron el riesgo que la obesidad añadía en los partos por cesárea de urgencia con respecto a las normopeso (OR 2.8 para las obesas).

En 2005, Annals of Epidemiology publica un trabajo realizado en EEUU, donde 641 mujeres nulíparas, con embarazo a término fueron estudiadas. Tras establecer un cribado, encontraron el riesgo añadido de tener parto por cesárea entre mujeres con sobrepeso era 1.2

y para obesas 1.5. (95% intervalo de confianza). Apuntan que, aunque establecida la asociación, ésta era moderada y no encontraron la magnitud que otros artículos señalaban.

Otro estudio del que hablaremos más adelante, realizado en Finlandia, encontró un mayor riesgo de parto por cesárea en mujeres con IMC elevado respecto a las normopeso (OR 1,22 sobrepeso y 1,68 obesas) .

En 2005, un estudio de EEUU entre 24423 mujeres nulíparas con gestación única quería conocer el riesgo de cesárea debido a IMC preconcepcional elevados .A medida que aumentaba el IMC preconcepcional la tendencia a tener más riesgo de cesárea iba al alza,(14,3% entre bajo peso frente a 42,6% entre las obesas).

Sobre la preeclampsia, cuadro de bastante relevancia, por su gravedad, un estudio publicado en la revista Obstetrics & Gynecology, año 2007, estudia la preeclampsia en la segunda gestación con incremento del IMC entre ambas gestaciones.

Se tomó una muestra de 136884 mujeres secundigestas, y no se incluyeron en el mismo aquellas que ya habían sufrido preeclampsia en el primer embarazo. Aunque la incidencia de preeclampsia en el segundo embarazo era de un 2% para toda la muestra, el riesgo de padecerla, aumentaba de la siguiente forma:

- IMC incrementado de bajo peso a obeso , OR: 5.6
- IMC incrementado de normal a sobrepeso , OR: 2.0
- IMC incrementado de normal a obeso, OR 3.2

- IMC incrementado de sobrepeso a obeso, OR: 3.7 (intervalos de confianza del 95%)

Los resultados perinatales empeoraban con el aumento de IMC de sobrepeso a obesidad, y fueron estudiados en Finlandia, y publicados en 2006. Una muestra de 25601 mujeres con gestación única ofrecieron los siguientes resultados con respecto a las mujeres normopeso:

- Peores puntuaciones en test de Apgar a los 5 minutos, (OR 1,54 sobrepeso y 1.64 obesas).

- Mayor riesgo de parto por cesárea (OR 1,22 sobrepeso y 1,68 obesas)

- Mayor número de ingresos del RN a neonatos (OR 1,20 sobrepeso y 1,38 obesas)

- Peores tasas de muerte fetal y perinatal (OR 1,54 sobrepeso y 2,35 obesas)

- Las complicaciones que se presentaban frecuentemente, eran preeclampsia y corioanmionitis.

- Consideraron la obesidad como una situación anormal que trae complicaciones al embarazo. Y es que casi hasta el doble se veía aumentado el riesgo de muerte perinatal debido a la obesidad.

Otro estudio realizado en 2006, en Hospital Memorial de Australia, evidenciaba los efectos del IMC preconcepcional sobre los resultados perinatales. Sus resultados señalaban mayor número de las siguientes complicaciones entre las mujeres obesas:

Diabetes, HTA, preeclampsia, necesidad de inducción al parto, cesárea por *SPBF*, Hemorragias postparto, maniobras de reanimación al RN e hipoglucemias del RN.

Para justificar la mayor duración del trabajo de parto en mujeres obesas, un estudio realizado por la Universidad de Yale (EEUU), sobre la medición de presión intrauterina en la segunda fase del parto esta población.

Todas las mujeres del estudio tuvieron un parto vaginal con analgesia epidural.

La línea de base del tono uterino, era similar entre mujeres normopeso y obesas, así como la presión ejercida en la maniobra de Valsalva necesaria para el descenso de la presentación fetal. Eso sí, niveles más altos de

IMC, requerían mayores dosis de Oxitocina sintética para estimular las contracciones.

Por otro lado sí que encontraron una mayor dilatación del tiempo del trabajo de parto, pero no así del expulsivo.

La obesidad tampoco era un factor de riesgo para desgarros perineales o partos instrumentados.

Refiriéndose al trabajo de matronas, un artículo publicado en 2007, sobre trabajo retrospectivo realizado en Dublín con una muestra de 1011 mujeres primigestas con embarazo de bajo riesgo que acudían a consulta prenatal de matronas.

Se quería comprobar qué morbilidad estaba más comúnmente asociada a las mujeres obesas.

- Encontraron correlación entre tasas de cesárea y un elevado IMC, incluso para gestaciones controladas médicamente.
- Aquellas mujeres con IMC normal eran menos propensas a necesitar asistencia neonatal intensiva.
- También asociaron IMC elevados a gestaciones prolongadas, partos instrumentados y uso de servicio neonatal intensivo para los RN.

Un estudio encaminado a estudiar 113019 mujeres con gestación única en EEUU, buscaban conocer los ejectos de IMC preconcepcional y peso ganado durante el embarazo sobre tener riesgo de parto pretérmino.

Consiguieron determinar que mujeres que habían ganado muy poco peso tenían mayor frecuencia de partos pretérminos, siendo esta asociación a menor IMC preconcepcional (OR 9.8 bajo peso frente 2.3 de obesas)

1881 mujeres fueron estudiadas en un servicio de matronas de EEUU, para determinar si la obesidad constituía un riesgo de cesárea en poblaciones de bajo riesgo y si esta era razón suficiente para la derivación de estas pacientes a otros servicios.

El 7,7% de las mujeres obesas sufrían una cesárea frente al 4.1% para mujeres con IMC normal. Los factores que contribuían a este riesgo eran, junto a la obesidad, ser primigesta, mayores de 35 años, talla< 155cm, RN de bajo peso, fallo de progresión del parto, distocias, desprendimientos de placenta, bradicardia fetal, preeclampsia.

Aunque encontraron que existía un mayor riesgo de cesárea para las obesas, no era lo suficiente como para que tuvieran que ser derivadas a otro tipo de consulta.

DISCUSIÓN

De todos estos fragmentos podríamos condensar la información, exponiendo las principales complicaciones que se han mostrado se presentan con mayor frecuencia entre mujeres con sobrepeso y obesas durante la gestación:

- Mayor riesgo de partos por cesárea.
- Estancias hospitalarias más largas.
- Mayor coste sanitario.
- Mayor riesgo de padecer pre-eclampsia, HTA gestacional.
- Mayor riesgo de tener RN macrosomas.
- Mayor riesgo de necesidad de inducciones.

- Necesitar mayores dosis de oxitocina para estimular parto.
- Trabajos de parto más prolongados.
- Menor probabilidad de éxito de parto vaginal tras cesárea anterior.
- Problemas con el establecimiento de la Lactancia Materna.
- Mayor número de partos pretérminos.
- Mayor riesgo de muerte perinatal.

BIBLIOGRAFÍA

1.- Chu SY, Bachman DJ, Callaghan WM, Whitlock EP, Dietz PM, Berg CJ, O'Keeffe-Roseti M, Bruce FC, Hornbrook MC. Association between obesity during pregnancy and increased use of health care. N Eng J Med. 2008 Apr 3; 358(14); 1444-53.

2.- Getahun D, Kaminsky LM, Elsasser DA, Kirby RS, Ananth CV, Vintzileos AM. Changes in prepegnancy body mass index between pregnancies and riks of primary cesarean delivery. Am J Obstet Gynecol. 2007 Oct; 197(4).376.e1-7

3.- Ehrenberg HM, Mercer BM, Catalano PM. The influence of obesity and diabetes on the prevalence of macrosomia. Am J Obstet Gynecol. 2004 Sep; 191(3): 964-8

4.- Getahun D, Ananth CV, Peltier MR, Salihu HM, Scorza WE. Division of Epidemiology and Biostatistics, Department of Obstetrics, Gynecology, and Reproductive Sciences, University of Medicine and Dentistry New Jersey-Robert Wood Johnson Medical School, New Brunswick, NJ 08901-1977, USA.

5.- Bhattacharya S, Campebell DM, Liston WA, Bhattacharya S. Effect of Body Mass Index on pregnancy outcomes in nulliparous women delivering singleton babies. BMC Public Health. 2007 Jul 24; 7(147):168.

6.- Rasmussen KM, Kjolhede CL. Prepegnant overweight and obesity diminish the prolactin response to suckling in the first week postpartum. Pediatrics. 2004 May; 113(5):e465-71.

7.-Getahun D, Ananth CV, Oyelese Y, Chavez MR, Kirby RS, Smulian JC. Primary preeclampsia in the second pregnancy: effects of changes in prepregnancy body mass index between pregnancies. Obstet Gynecol. 2007 Dec; 110(6): 1319-25.

8.- Herman AA, Yu KF. Adolescent age at first pregnancy and subsequent obesity. Paediatr Perinat Epidemiol. 1997 Jan; 11 Suppl 1:130-41.

9.- Cnattingius S, Bergström R, Lipworth L, Kramer MS. Prepegnancy weight and the risk of adverse pregnancy outcomes. N Engl J Med. 1998 Jan 15; 338(3):147-52.

10.- Vahratian A, Siega-Riz AM, Savitz DA, Zhang J. Maternal pre-pregnancy overweight and obesity and the risk of cesarean delivery in nulliparous women. Ann Epidemiol. 2005 Aug; 15(7):467-74.

11.-Sarkar RK, Cooley SM, Donnelly JC, Walsh T, Collins C, Geary MP. The incidence and impact of increased body mass index on maternal and fetal morbidity in the low-risk primigavid population. J Matern Fetal Neonatal Med. 2007 Dec;20(12): 879-83.

12.- Raatikanien K, Heiskanen N, Heinonen S. Transition from overweight to obesity worsens pregnancy outcome in a BMI-dependent manner. Obesity (Silver Spring). 2006 Jan;14(1):165-71.

13.-Doherty DA, Magann EF, Francis J, Morrison JC, Newham JP. Pre.pregnancy body mass index and pregnancy outcomes.Int J Gynaecol Obstet. 2006 Dec; 95 (3):242-7. Epub 2006 Sep 27.

14.- Siega-Riz AM, Siega-Riz AM, Laraia B. The implications of maternal overweight and obesity on the course of pregnancy and birth outcomes. Matern Child Health J 2006 Sep; 10(5 Suppl):S153-6. Review.

15.- Buhimschi CS, Buhimschi IA, Malinow AM, Weiner CP. Intrauterine pressure during the second stage of labour in obese women. Obstet Gynecol. 2004 Feb; 103(2):225-30.

16.- Kaiser PS, Kirby RS. Obesity as a risk factor for cesarean in a low-risk population. Obstet Gynecol. 2001 Jan; 97(1):39-43.

Dietz PM, Callagan WM, Cogswell ME, Morrow B, Ferre C, Scieve LA. Combined effects of prepregnancy body mass index and weight gain during pregnancy on the risk of preterm delivery. Epidemiology. 2006 Mar; 17 (2):170-7.

17.- Dietz PM, Callaghan WM, Morrow B, Cogswell Me. Population-based assessment of the risk of primary cesarean delivery due to excess pregnancy weight among nulliparous women delivering term infants. Matern Child Health J. 2005 Sep; 9(3):237-44.

18.-Durnwald CP, Ehrenberg HM, Mercer BM. The impact of maternal obesity and weight gain on vaginal birth after cesarean section succes. Am J Obstec Gynecol. 2004 Sep; 191 (3): 954-7.

19.- Kramer Ms, Kakuma R. Ingesta proteico-energética durante el embarazo (Revisión Cochrane traducida). Biblioteca Cochrane Plus, núm 4, 2007.

20.- Smulders B, Croon M. Embarazo seguro. Edición Española. Editorial Medici, 2001.

TÉRMINOS

Primigesta: mujer embarazada por primera vez.

Nulípara: mujer que no ha tenido parto.

Multípara: mujer que ha parido más de una vez, pueden ser secundíparas, tercíparas...

Apgar, test: Test que evalúa parámetros del RN tales como frecuencia cardíaca, respiración, tono muscular, coloración y llanto, y que se realiza al minuto 1, 5 y 10 de vida del RN. A mayor puntuación mejor estado físico del niño (0 a 10).

Corioamnionitis: infección de las membranas placentarias y del líquido amniótico. Más común en partos prematuros.

Gestación única: gestación con un solo feto.

Gestación a término: aquella en la que el parto se produce a partir de la semana 37 de gestacion.

Parto pretérmino: parto que se produce antes de la 33 semana de gestación.

Distocia de parto: Finalización de la gestación con la utilización de instrumentos obstétricos.

Cesárea electiva: Cesárea programada ante una causa que impide la normal evolución y finalización del embarazo por parto vaginal.

Macrosoma, feto: Feto cuyo peso excede los cuatro kilos de peso.

SPBF: Sospecha de pérdida de bienestar fetal

www.ingramcontent.com/pod-product-compliance
Lightning Source LLC
Chambersburg PA
CBHW072304170526
45158CB00003BA/1182